U0338649

浪花朵朵

小心，有毒！

[捷克] 沙尔卡·费尼科娃 著
[捷克] 阿纳斯塔西娅·斯特罗科娃 绘
刘暑月 译

海峡出版发行集团
THE STRAITS PUBLISHING & DISTRIBUTING GROUP
海峡书局

毒是什么？

这是个好问题，甚至可以说是最重要的一个问题。毒是一种物质，但不是普通的物质，它会给人和动植物带来巨大的伤害。你可以将毒想象成绞进自行车车轮里的树枝——但凡有一丁点儿办法，都应该把它取出来，否则想继续旅程就难了。毒也是这样。它可能会慢慢地伤害人们的身体，也可能会让人立刻倒下，这取决于毒的剂量。

我们应该害怕毒吗？

不必！你或许会害怕你脚下的路，因为路上的一些小石头是有毒的；你或许会远离雪滴花，因为它的叶子和球茎是有毒的；你或许还会害怕经过药店，因为那里装满了有毒的药。但你应该明白，过度恐惧对人没有好处。所以放心吧，要小心谨慎，但不用提心吊胆。把跟毒打交道的工作留给大人，让他们去处理，我们只需要欣赏世界上有趣又多彩的一切。

毒在什么情况下会伤害我们？

当它的量太大的时候。问题在于，人们很可能无法及时发现“量太大”的情况。例如，有一种微小的细菌，通常藏在土壤里。人们无法直接用肉眼观察，只有在显微镜下才能发现它长得像一根火柴。但即使是这样一根小小的火柴，如果数量过多，也会对人体造成巨大的伤害，使人患上被称为“破伤风”的疾病。这些细菌释放的毒素会阻碍肌肉放松，使肌肉痉挛。这些痉挛甚至会让心脏停止跳动，或让肺部无法呼吸。

毒在什么情况下会帮助我们?

你不相信毒能帮助我们吗？好吧，请看好了！很久以前，人们就发现，只要使用恰当的剂量，某些植物所含有的毒素不仅不会对人体造成伤害，反而会有所帮助。这一发现直到今天仍然有用。实际上，药物在某种程度上也是有毒的，但只要遵从医生的嘱咐，使用合适的剂量，它们就能帮助你恢复健康。这听起来很酷，不是吗？

有东西可以在毒素中生存吗?

这听起来似乎难以置信，但这种东西确实存在。不，我们要说的并不是什么能够战胜毒素的巨人或健美运动员，而是微小的硫细菌。硫细菌很喜欢毒。就像人类的生存离不开氧气，硫细菌也离不开有毒的硫酸盐。很久很久以前，或许正是在这些可爱的小细菌的帮助下，我们的地球才变成了一个适合人类居住的地方，才出现了可以供人们呼吸的空气。

如何判断某个东西是否有毒?

有时候很容易。拿火山来说，当它开始冒烟时，大家都知道最好离它远一点。这样，当火山开始释放有毒气体时，我们可以从离它很远的安全地区通过听广播或看电视了解情况。有时候，情况会比较复杂。毒可能藏身在美丽的花朵中或可爱的小虫子身上，例如，带有斑点的瓢虫（虽然它们对人类无害）。因此我们需要多多观察、学习有关毒的知识！

那么人类呢?

人类无法生活在有毒的环境中，因此地球是目前我们唯一可以居住的星球。你知道吗？人类曾误以为金星是一颗恒星。早晨，当它在东方天空出现时，人们叫它“启明星”；夜晚，当它在西方天空出现时，人们叫它“长庚星”。其实金星也不适合人类居住，因为它的大气层有毒。不过别担心，我们要永远怀有梦想。有朝一日，我们一定能发现一颗即使遍布毒素，人类仍然可以在上面生活、玩耍和欢笑的星球。

作为保护的毒

毒真的可以起到保护作用吗？当然！有些动植物并不打算用自己的毒去伤害谁。大自然赋予它们毒，是为了让它们保护自己免受伤害。有时候，这些动植物甚至会主动提醒大家自己是有毒的，例如，它们的颜色往往十分鲜艳。我们不知道它们在其他动物眼中究竟是什么样的，但在人类看来，这种提醒就像红灯对司机的指示一样明显。这些鲜艳的颜色仿佛在说："停！不能吃我！如果不听我的话，你就会病得很严重！"

七星瓢虫

七星瓢虫看起来就像女孩连衣裙上一颗可爱的小纽扣，但实际上，无论是幼虫还是成虫形态的七星瓢虫，都是蚜虫眼里的巨型捕食者。七星瓢虫捕食蚜虫能够帮助植物开花结果，因此赢得了人们的尊重。七星瓢虫并不使用毒液进行狩猎，而是用它来自卫。如果有鸟儿威胁到它们，它们就会释放一种有毒、苦涩、发臭的黄色汁液。这听起来真恶心！不管是谁，只要尝过一口，肯定不会再想尝第二口。

栎列队蛾的毛虫

想要变成蝴蝶或飞蛾，毛虫需要经历一段"青春期"，也就是变成蛹。可要是在毛虫形态就被鸟儿直接吃掉了，它们就永远无法展翅高飞。还好，栎列队蛾不用担心自己的毛虫时期。因为它们的毛虫都穿着厚厚的"绒毛大衣"，每根毛都相当于一根毒针！

六星灯蛾

在温暖的夏日，六星灯蛾从一朵花飞到另一朵花，看起来像无害的蝴蝶。然而，它们的体内含有一种可怕的、有毒的氰化物。当六星灯蛾还是黄色毛虫时，身上就带有毒素，但它们不会被毒素伤害。它们甚至能吃下百脉根的有毒的叶子，却不会因此生病。如果有什么动物想把毛虫当作美餐，它们就会释放出一滴又一滴毒液，让敌人感到恶心没胃口。一旦危险消失，它们又会将毒液吸回自己的体内。

斑蝥

这只漂亮的昆虫似乎在说："你可以尽情欣赏我美丽的外表，但仅此而已。要是触碰到我，你就有大麻烦了！"斑蝥用于自卫的毒素闻起来就像一支老鼠大军一样臭，还会侵蚀皮肤，形成令人痛苦的水泡。所以斑蝥还有一个俗名叫"水泡甲"。只有雄性斑蝥才能分泌这种毒素，但它们绝不吝啬。雄性斑蝥会把毒素分享给雌性，再由雌性斑蝥传给自己的卵。最后，这些毒素就能保护斑蝥爸爸、斑蝥妈妈和它们所有的宝宝。

蜜蜂

你曾经被蜜蜂蜇过吗？疼吗？当然疼了！那是因为你的身体里被注入了蜂毒！然而，蜜蜂（准确地说是工蜂）蜇人后就会死去。要知道，它们的毒液不是用来保护自己，而是用来守卫蜂巢和蜂王的。它们牺牲自己，是为了发出求救信号。蜜蜂毒液的气味会告诉其他同伴："大家小心！敌人正在靠近！保卫我们的家园！"如果发生这种情况，你最好快点逃离蜜蜂王国。

鬃鼠

毛茸茸的小可爱，你在干什么？当然是制造毒液了！这种啮齿动物并不是天生有毒，但它们可以制造毒液来保护自己。长期以来，科学家们绞尽脑汁，希望能研究出它们是怎么做到这一点的。后来，科学家们发现，鬃鼠在啃食箭毒树的树皮时，分泌出的唾液会沾到箭毒树的毒素。它们应该如何处理这些有毒的唾液呢？鬃鼠非常聪明，它们长长的鬃毛两旁各有一条短毛带，短毛下是布满小孔的皮肤腺区，就像厨房里的滤网一样。鬃鼠将含有毒素的唾液涂抹、储存在短毛带里。这些毒液能防止其他动物打鬃鼠的主意。

蜂猴

蜂猴看起来似乎永远处于惊讶的状态，好像在说："什么？你说我们是世界上唯一有毒的灵长类动物？"当然，蜂猴其实非常清楚这一点，它们甚至随身携带着一个迷你实验室——它们的胳膊肘内侧的腺体能够分泌一种黄色的、臭臭的毒素。当这种毒素与蜂猴的唾液混合，就变成一种方便又好用的毒液。蜂猴不仅可以用它来保护自己，还能保护孩子们。当蜂猴父母外出寻找食物时，就会给孩子们涂上这种有毒的唾液。这样一来，谁会傻到去招惹它们呢？

花烛

花烛俗称“红掌”。你可以把这种美丽的热带植物所含的毒液想象成细小的针头，只要碰到它们的汁液，人们就会感到刺痛，随后开始皮肤发肿。但花烛的种子不同，它们完全无毒，很受鸟儿的欢迎。你知道这是为什么吗？原来，花烛需要鸟儿的帮助，才能在雨林中传播种子。它们的种子就像飞机上的乘客一样，借助鸟儿四处旅行。

白鹤芋

这种植物俗称“白掌”，它几乎可以适应任何环境，无论是热带雨林，还是你的花盆。有时候，它们发蔫下垂了，或是彻底枯萎了，但只要给它们浇一点水，白鹤芋就会再度骄傲地挺胸抬头。白鹤芋含有毒液，可以保护自己免受动物的伤害。你千万不要去尝它们，除非你想让自己难受。

黛粉芋

这种热带植物俗称“花叶万年青”，如果你从来没去过热带雨林，还有没有可能认识它？有可能！因为许多人的家里都有黛粉芋盆栽。它们美丽的叶片上有白色的花纹，十分引人注目。不过你要小心！这种植物只能从远处欣赏，绝不能摘它们的叶子，更不能品尝。因为它们的汁液有毒，一旦触碰，就会让你的嘴巴肿起来，皮肤痒得厉害。

龟背竹

没有谁会想去咬一口龟背竹的叶子。为什么？因为龟背竹会给攻击者注入一种名叫“草酸盐”的毒素。龟背竹有些小气，它们不会把种子和未成熟的果实分享给任何人，而是用毒素保护它们。直到果实成熟，龟背竹才会邀请鸟儿来品尝盛宴。

狼蛛

你以为只有鸟儿才会居住在树上吗？不不不，一种生活在雨林中的毒蜘蛛——狼蛛也会在树上筑巢。这是一种多毛的蜘蛛。捕猎时，狼蛛就像骑士出剑一样，把第一对足刺进猎物身体里并注入毒液。随后，它们会分泌一种消化酶，将猎物变成果冻一样的胶状物，再把猎物吸干。

珊瑚蛇

“红连黄，杀人狂。”美国的孩子们用这句话来区别有毒的珊瑚蛇与无毒的猩红王蛇。这两种蛇都有彩色花纹——红色、黑色、黄色或白色。但珊瑚蛇才是真正有毒的，猩红王蛇只是假装自己有毒，好让其他动物畏惧自己，不敢打自己的主意。现在你也知道了，真正危险的是那条红色花纹和黄色花纹相接的蛇。

黑脉金斑蝶

对黑脉金斑蝶的毛虫来说，马利筋这种有毒的植物仿佛糖果一样美味。这些毛虫会饱餐一顿，随后进入蛹期，最后变成橙色的大蝴蝶，也就是有毒的黑脉金斑蝶。它们会飞往世界各地，有时甚至会飞行数千千米，只为找到一个适合过冬的地方。黑脉金斑蝶喜欢成群结队地飞行，看起来就像一团有毒的橙色云朵从空中飘过。

箭毒蛙

大自然赋予了箭毒蛙鲜艳多彩的外表——蓝色、红色、黄色、绿色、橙色，有时还有条纹或斑点装饰。它们是名副其实的模特，随时随地都像在走秀。当然，这是有原因的。借助这些色彩，箭毒蛙可以远远地提醒大家：“我们或许很美丽，但是毒性也很强。”箭毒蛙是世界上毒性最强的动物之一，但由于它们的毒性来源于雨林里的食物，所以那些被饲养在动物园里的箭毒蛙是基本无害的。

作为武器的毒

毒在什么情况下会成为一种武器？一些动物不仅用毒来保护自己，还会用毒攻击其他动物，将对方变成自己的盘中餐。你或许会觉得这有些残忍，但从大自然的角度看，这不算离奇，也不算邪恶或不公平。大自然给一些动物长长的腿，又给另一些动物锋利的牙齿，还给了一些动物毒液。这些动物并不会把毒当成一种玩具，而是当作让它们得以生存的礼物。

眼镜王蛇

你很难找到比眼镜王蛇更长、毒性更强的蛇。它们的体内含有大量毒液，可以在短时间内毒死一头大象。当然，眼镜王蛇用毒十分谨慎。顺便说一句，大象并不是眼镜王蛇的食物，但很多其他种类的蛇是眼镜王蛇的食物。当眼镜王蛇饥饿时，它们会用中空的牙齿咬住猎物，然后注入毒液。真的！眼镜王蛇的牙齿仿佛两根吸管，它们捕食的样子就像孩子用吸管在水里吹泡泡。

蝰蛇

这种蛇具有强大的适应能力！蝰蛇喜欢晒太阳，喜欢进行日光浴。其中，极北蝰是唯一能在北极圈内生活的毒蛇。它们的毒液不多，不过用来捕老鼠一类的啮齿动物还是绰绰有余。蝰蛇不会滥用毒液，即使在一年一度的“春季舞会”中也很谨慎。你问这是什么舞会？这其实是一种雄性蝰蛇为了吸引雌性而进行的求爱争斗。

科莫多巨蜥

科莫多巨蜥很像童话故事里的龙，不是吗？但它们是真实存在的。科莫多巨蜥是人类已知的体形最大的有毒动物，它们的毒液就藏在下颚牙齿的下方。要是科莫多巨蜥偶尔决定去打猎，毒液就会派上用场。它们甚至敢攻击水牛。从另一个方面看，科莫多巨蜥有点像“清洁工”，它们会帮助大自然清理因疾病或年老而死去的动物。令人惊奇的是，科莫多巨蜥能用舌头分辨出这些死亡动物的气息。下次你去动物园的时候，请注意它们伸出来的左右摇晃的舌头。

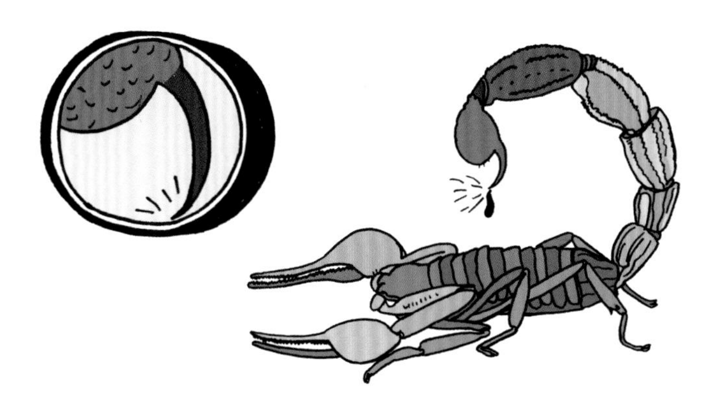

蝎子

千万不要和蝎子打赌看谁更能忍耐！你肯定会输。因为有的蝎子可以憋气长达三天，在没有食物的情况下能生存半年，还可以生活在冰箱里。陆地上最早的蝎子出现于约四亿多年前的志留纪。早在那时，蝎子的尾部就有一根可以用来捕猎的毒针。

qú
沟齿鼩

下颚第一颗门齿良好，第二颗门齿有空洞。等等，不，第二颗门齿里有毒液！牙医在检查沟齿鼩的牙齿时一定会受到不小的惊吓。因为这种哺乳动物第二颗下门齿内侧的沟槽里竟然可以流出毒液。当然，沟齿鼩才不在乎会不会吓到牙医。它们会先用长鼻子嗅出猎物，再用毒液麻痹对方。

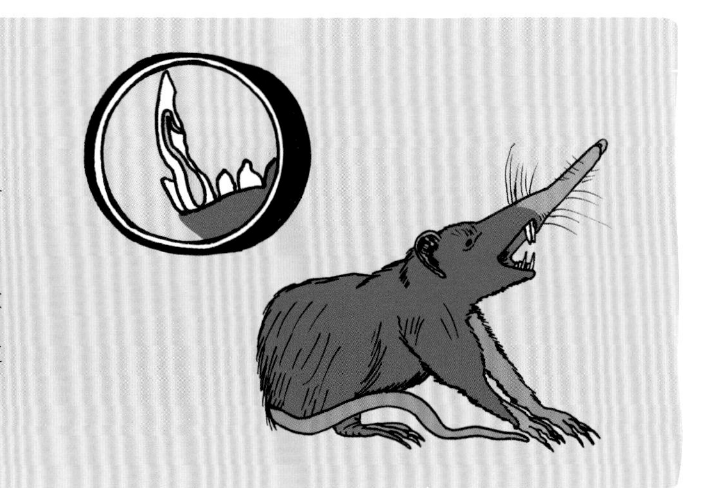

红斑寇蛛

红斑寇蛛俗称“黑寡妇蜘蛛”。它们的腹部有一个红色的沙漏状斑记，似乎在提醒敌人：“如果吃了我，你就没多少时间可活了！”你能想象蝴蝶、苍蝇或蚱蜢被黏糊糊的蛛网困住后，心里有多恐惧吗？这个沙漏仿佛在倒数着它们成为食物前的最后几分钟！很快，红斑寇蛛接近它们，把它们像糖果一样包起来……然后给它们注入毒液！

常见黄胡蜂

你是不是不喜欢常见黄胡蜂，甚至讨厌它们？请等等——胡蜂也有很好的品质。它们帮助花朵授粉，并捕食小型昆虫，确保这些昆虫不会变得太多，像士兵一样维护着生态平衡。虽然胡蜂没有剑，但是大自然给予了它们螫针和毒液。胡蜂不会随时使用这些武器，但在捕食苍蝇和其他小型昆虫时，这些武器还是很方便的。成功捕猎后，胡蜂就会将猎物喂给它们的肉食性幼虫。

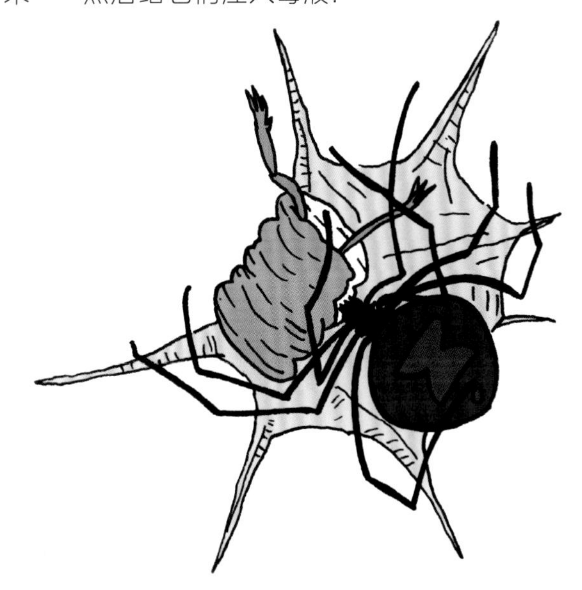

大理石芋螺

第一眼看去，它们仿佛是贝壳中的女王，再仔细看看，它们竟是危险且有毒的捕食者。这种腹足纲动物的体内有一个“武器工厂”。首先，大理石芋螺拥有一个箭状的齿舌。然后，它们会给齿舌注入毒液，并将这支“箭”装进一个类似吹箭筒的部位，就像雨林中的土著居民使用的那种武器。最后，大理石芋螺需要做的就是瞄准并射击。

东方鲀（tún）

东方鲀属的动物俗称“河豚”。当意识到有动物打算吃掉自己时，这种胖乎乎的鱼会变得更加膨胀。东方鲀会鼓起身体里的气囊，试图威慑那些讨厌的冒失鬼。你最好远离这种鱼，如果不听警告吃下它们，那么也会吞下东方鲀内部器官中的所有毒素。尽管如此，东方鲀仍是日本等地餐馆里的一道佳肴。只有经验最丰富的厨师才能烹饪这道菜，当然，他们必须通过一个特殊考试才行。

蓝环章鱼

“哦！真是太可怕了！”一只章鱼这么想着，它黄色的身体上立刻出现了蓝色的环纹。“哎呀！”捕食者瞬间丢掉所有吃掉它的想法，快速离开。蓝环章鱼受到惊吓时，不仅会改变身体的颜色，还会咬住敌人并释放毒素。蓝环章鱼的毒素相当厉害，一旦中毒，即使是比它们大很多的动物也无法侥幸存活。这种章鱼同时还拥有一种较弱的毒素，可以用来猎取食物。

海鳝

这又是一种看起来不像鱼的鱼。海鳝的身体像蛇，行动起来却如疯狗。它们一般在受到惊扰时会咬住敌人，你会因此认为它们很讨厌吗？潜水员或渔民能够告诉你所有关于海鳝的事情。在捕捉到海鳝后，渔民们甚至没法安全地享受美味。因为海鳝的血液中含有毒素，毒性和蝰蛇的毒素差不多。

毒如何帮助我们

再好的东西，太多了也会让人厌烦。即使是甜美可口的巧克力，如果你吃了太多，也会生病。反过来，一些危险的毒物如果被控制在一定剂量内，也有可能是安全的，甚至会对人类有帮助。例如，一些植物中含有的毒素在部分情况下可以成为非常有效的药物。人们已经注意到了这一点，并开始人工生产这些“有用的毒药”。它们被储存在盒子或瓶子里，等待我们去药店购买——例如，当我们吃了太多的巧克力后肚子疼的时候。

毛地黄

只需两片叶子，这种美丽的开花植物就足以杀死一个成年人。前提是这个人蠢到吃了它们，毕竟它们实在是太苦了。这就是毛地黄的威力。但是，当专家、实验室技术人员、化学家、医生和药剂师对毛地黄进行了研究后，它们就变成了一种治疗心脏疾病的抢手药。

罂粟

罂粟是一种植物。自古以来，人们就知道未成熟的罂粟果实中的汁液可以缓解疼痛和失眠。这种汁液凝固后的制品被称为“鸦片”。鸦片是毒品，容易使人上瘾。但是科学家们可以在实验室里将鸦片分解提炼，就像拆解拼图一样，分解成各种成分，其中之一就是吗啡。吗啡可以用来制造药物，帮助重症或受伤的病人缓解疼痛。

秋水仙

你知道秋水仙和脚趾关节肿痛有什么联系吗？秋水仙含有一种有毒的物质，名叫“秋水仙碱”，用它制成的药物可以治疗痛风等疾病。如果你患有痛风，关节就会肿痛，多半先从大脚趾开始。而这种会开出紫色花朵的美丽植物可以帮助脚趾恢复健康。

刺冠海胆

“海胆夫人，很高兴见到你。你真是我的救星。我需要你把附近打扫一下。真糟糕，看看这些海藻如今多成什么样了！”“冷静点儿，珊瑚礁先生。我现在就来处理它们。”刺冠海胆就像带有毒刺的黑球，它们对珊瑚礁非常重要。因为海胆会食用海藻的根部，否则疯长的海藻会像花园里的杂草一样将珊瑚礁覆盖住！

斑鳍蓑鲉（yóu）

“好好看看我，看看我有多美丽。每个侧面都请好好看看！”斑鳍蓑鲉不会隐藏自己，它们很爱炫耀。它们那可以像扇子一样展开的鳍棘在水中划动，可不只是好看。这些鳍棘可以起到很好的防御作用，因为它们与毒腺相连。即使是水族馆的工作人员也不愿被这些鳍棘刺伤。不过，斑鳍蓑鲉不会用这些鳍棘来捕食。相反，它们另有策略——悄悄靠近选中的小鱼，然后飞快地将小鱼吸进嘴里。

海葵

海葵这个名字听起来像植物，长得也确实像植物，但它们不是植物。那是什么呢？海葵是一种海洋肉食性动物，会用漂动的有毒触手毒晕猎物。一些海葵与其他动物建立了友谊，保证不会对它们构成威胁。小丑鱼就是其中一例。这是一种身上带有条纹的鱼，它们竟然住在海葵里！小丑鱼不支付房租，但它们可是模范住户。小丑鱼会吃海葵的食物残渣，将海葵打扫干净，有时还会为海葵引来一些食物。

水母

水母看起来像身体透明、长发飘飘的漂浮的蘑菇。但它们的“长发”，或者说又长又细的触手，正是水母最危险的部位——那是它们储存刺细胞的地方。一旦接触到猎物，刺细胞就会发射出类似毒针一样的东西。

白屈菜

你可能会认为，白屈菜只是杂草，而且有毒。但其实它们可以发挥相当大的作用。白屈菜可以帮助治疗生病的肝脏、胆囊或肾脏，还可以帮助去除疣和鸡眼——也就是脚上长进肉里、让你疼痛的角质增生。白屈菜还有很多作用。欧洲人非常喜爱它们，在17世纪时将它们带去了北美洲。自那时起，白屈菜就在美国的花园里茂盛生长。

医生

医生们早在学校的药理学课上就遇到了毒。你问什么是药理学？这是一门让未来的医生学习药物的课程。他们会学习多少剂量的药物对人有帮助，达到多少剂量时，药物会开始伤害病人。他们还会学习哪种药物可以治疗哪种疾病，成人和儿童分别应该服用多少剂量的药物。然后，这些未来的医生们必须通过考试，确保他们记住了所有知识。

药剂师

药剂师的生活几乎被毒药包围了。他们的头脑中充满了关于所有已知种类的毒药的知识，真是不可思议。药剂师知道哪种毒药有什么作用，也知道如何找到解毒剂。当一个病人从医生那里拿到处方时，药剂师会给他开出药丸、药水或药膏，并指导他正确服用或使用，确保这些药能够帮助病人，而不会变成杀人的毒药。

爬行动物学家

是什么在这里滑行游走？一条蛇？究竟是什么蛇呢？如果我们身边有一位爬行动物学家，我们就不仅能知道这条蛇属于什么种类，还能知道它是否有毒。爬行动物学家是精通所有爬行动物的专家。从可爱的小乌龟到有毒的蛇，他们全都了解。他们可以帮助你区分无害的猩红王蛇和有毒的珊瑚蛇，还可以教你辨别安全的游蛇和危险的蝰蛇。

实验室技术人员

应该把有毒的浓硫酸倒入水中，还是把水倒入浓硫酸中？实验室技术人员才不会有这些疑问，他们知道该怎么做——当然是把浓硫酸倒入水中。如果反过来了，水就会变得很烫并且到处飞溅，有毒的浓硫酸也会溅出来伤到人。优秀的实验室技术人员还知道，应该把碳酸稀释到什么程度才能安全地使用，例如，添加进可乐饮料中。

移液管

使用移液管的实验室技术人员就像停在花上的蝴蝶——他们也在吸东西。但是，蝴蝶可以享受美味的花蜜，实验室技术人员却无论如何都不能品尝被吸取的溶液。万一这些溶液有毒怎么办？他们必须用洗耳球或者仿佛大号注射器的自动移液枪将溶液吸起来，然后移入另一个容器中。

天平

现在你应该知道，在使用有些有毒药物时，必须像人们所说的那样，只能“用刀尖上那么一点儿”。换句话说，使用有毒药物时必须非常谨慎，绝不能超过所需要的剂量。而且，当有毒药物达到一定剂量时，甚至可以杀死一头大象。因此所有的实验室都必须配备天平，目前使用较多的是电子天平。

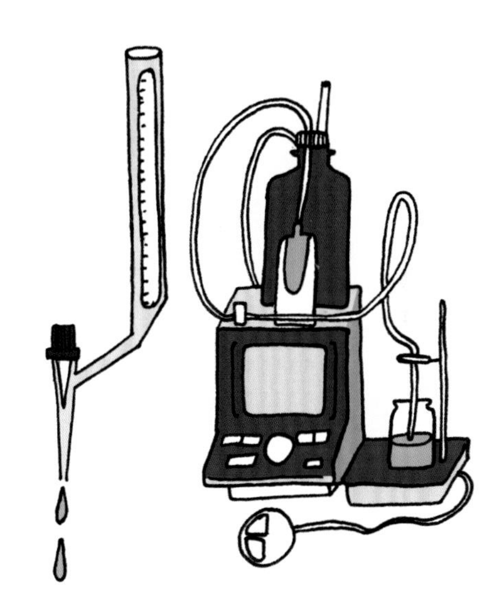

滴定管

一滴、两滴、三滴，好，停！红色的溶液恰好变黄。当化学家进行滴定操作时，他们需要在烧杯里的溶液颜色刚好变化时，精确测量出加入烧杯的液体体积。为了做到这一点，化学家们必须使用移液管的亲戚——滴定管。当然，还少不了固定架、玻璃活塞或玻璃珠，它们能控制滴下的溶液量。

试管

如果没有试管，就无法进行快速实验。塞上塞子，试管就可以在短时间内保存珍贵的化学或生物样品。最重要的是，化学家只使用最结实的试管——由硼硅玻璃制成的可以承受沸腾温度的试管。这样的试管甚至可以轻松容纳有毒、腐蚀性的物质。

烧瓶

不，这不是水妖囚禁迷失灵魂的杯子。这是烧瓶，可以用来盛液体物质。它的窄口可以防止有毒的溶液溅出。你可以用圆底烧瓶或蒸馏烧瓶加热液体，但要小心，注入的液体不可以超过烧瓶容积的三分之二，也不可以少于烧瓶容积的三分之一。加热时，记得在烧瓶底部垫上石棉网，这是为了受热均匀。

燃烧器

燃烧器有什么用？可以用来做硫实验等。先把黄色的硫粉末倒入试管中，将试管放在燃烧器上方，使硫受热熔化。然后把硫熔体倒入盛有冷水的烧杯中，它就会变成块状的弹性硫，可以像橡皮泥一样被拉长。顺便说一句，这不是硫唯一能做的事。硫本身毒性很低，但当它与其他元素混合时，就会变得非常危险。

防护手套、外套和眼镜

这些是所有实验室技术人员的必备物品。尤其是在做一些可能喷出、滴落有毒物质，并导致烧伤的危险实验时，技术人员一定要保证穿戴好它们。

毒如何伤害我们

我们已经知道，动植物身上的毒素并不源自大自然的一时兴起，实际上这些毒素身负重任——保护某种动物或植物，帮助它们生存，或使它们更加勇敢。不过，我们现在要谈论的是某些非常危险的毒，你可要小心应对，尤其要注意那些明明有毒，却假装自己安全无毒的东西。你是否被这些话弄得晕头转向？继续读下去，你会明白的。

豹斑毒鹅膏菌

“头上戴帽子，腰间系裙子，脚上穿鞋子，你要是看到这样子，那就是毒菌子。”下次你去采蘑菇时，请记住这句话，这样你就不会将有毒的豹斑毒鹅膏菌与可食用的赭盖鹅膏菌相混淆。前者的菌柄上有十分光滑的菌环，整个菌子看起来就像是从鸡蛋或杯子里长出来的一样。

毒鹅膏菌

毒鹅膏菌像一个装满毒药的杯子，仿佛是女巫将它种在了森林里。没有经验的采摘者会误以为它是可食用的蘑菇。但是，你可不能犯这样的错误，你要看一看它的菌托。要是菌托长得像鸡蛋、碗或杯子，那么你一定是撞见了致命的毒鹅膏菌。

四叶重楼

你喜欢摘蓝莓吗？它们蓝蓝的，圆圆的，甜甜的，能让你的舌头、双手和T恤都变成蓝色。蓝莓并不可怕，顶多会弄脏你的T恤。但是，如果你碰见一颗和蓝莓长得很像、被四片叶子包围的黑色浆果，千万不要采摘或品尝它！这是四叶重楼，美丽却有毒！而且非常非常臭！

洗涤剂

它们可能会有淡淡的颜色、香香的味道，而且能用来清洁衣物、水槽、餐具或地板。但是，你仍然要小心！为什么呢？因为尽管一些洗涤剂含有的物质可以清除污垢和油脂，但如果使用不当或剂量过大，也会对你造成伤害。

火柴

孩子们应该远离有毒物质，还有火种。是的，没错——火柴头里也含有有毒物质。正是这些物质使你轻轻一擦就能点燃火柴。但这并不是全部。100多年前，火柴头的毒性更强，那时的它们是由白磷制成的。20世纪初，白磷火柴被禁止生产，因为白磷不仅有毒，还很不稳定，即使没有人擦，火柴也会自行燃烧。

白雪果

“啪！啪！啪！”你也喜欢踩白雪果的果实吗？即使所有的叶子都掉光了，这些白色的浆果仍然留在灌木上。它们看起来就像一颗颗小珍珠，或是圣诞树上的装饰品。鸟儿们非常喜欢它们。但你要小心，尽管这些白色浆果有趣又好玩，但它们对人类而言是有毒的。

如果有毒物质意外泄漏会怎样？

救护人员刚刚抵达现场，他们穿着特殊的衣服。为什么呢？因为当你试图救人时，你同样需要保护自己免受有毒物质伤害。救护人员穿得有些像外星人。特殊的服装可以保护他们的皮肤，眼镜或全脸面罩能够防止他们面部受到伤害，呼吸器将确保他们不会吸入有毒气体。

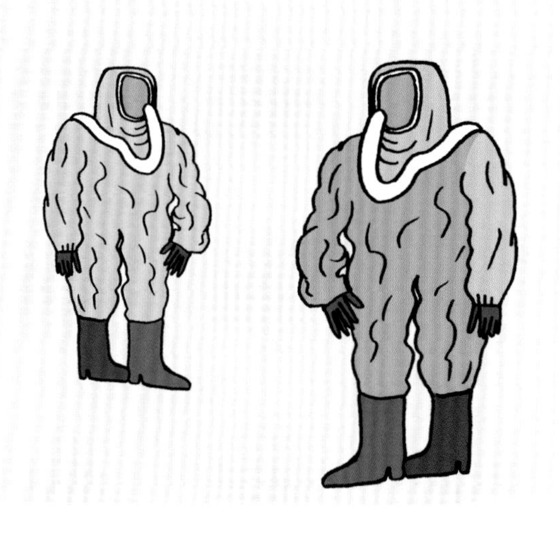

那么，接下来呢？

一旦发生事故，时间就是生命！在半小时内，救护人员需要搭好洗消帐篷——或者说是“净化系统”。随后救护人员会将那些无法行走的人抬上担架，并将他们送往帐篷里。

第一座帐篷

“请脱掉你的衣服！”第一座帐篷是脱衣区，接触到有毒物质的人都需要在这里脱掉衣服。“像这样，全部脱掉？”当然了，性命攸关！脱下的衣服会被装进袋子里，随后被放入一个大桶中。

第二座帐篷

“请立刻去洗澡！”等等，救护人员首先要用去污剂帮助碰到有毒物质的人清洁身体。不太明白？想想橡皮，它们可以擦去纸上画歪了的线条。泄漏的有毒物质同样是需要处理的问题，而去污剂可以清除它们。

第三座帐篷

呼！终于可以喘口气了。获救人员拍了拍自己的身体，救护人员再次进行检查，确保没有任何危险的东西留在他们身上。如果一切正常，洗消工作就结束了。获救人员可以穿上备用的衣服和鞋子，现在非常安全。

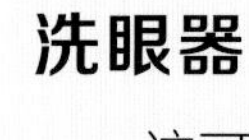

洗眼器

这可不是什么小鼓或电话，这是一个特殊的洗眼器。如果有毒物质进入你的眼睛，那你就必须尽快清洗它们！

一次性净化装置

从外表看，它仿佛一座充气城堡，但人们将它安置在那里可不是为了好玩。当有人需要清除有毒物质时，救护人员可以使用气泵为这个净化装置充气，几分钟就好。使用完毕后，可以将这个装置折叠起来，放进一个手提箱内带走处理。

去污环

去污环看起来像一个巨大的吹泡泡器，但它可不是用来玩的。事故发生不是马戏表演，它非常危险，人们应该以最快的速度进行应对。去污环不会产生气泡。它内嵌的喷射器可以从各个方向冲洗人的身体，清除所有有毒物质。

那些惊人的毒

如果空气中没有氧气，人类就无法在地球上长久生存。但是说出来你可能会感到惊讶，对某些生物来说，氧气也可能是有毒的。某些细菌会受到氧气的伤害，它们只有在一丝氧气都没有的环境里才能好好生长。而这只是毒带给我们的众多震惊之一。

黑头林鵙鹟（jú wēng）

毒蛇和毒蜘蛛已经不足为奇。你知道吗？有些鸟儿也是有毒的！黑头林鵙鹟的羽毛和皮肤都有毒，但它们自己并不产生毒，它们的策略与箭毒蛙类似。简单来说，黑头林鵙鹟会通过捕食有毒的甲虫，让自己的身体储存毒素，这样就不会有动物想来捕猎它们了。至于它们怎样保护自己不被毒死，目前仍是个谜。

荨（qián）麻

你知道荨麻和蚂蚁有什么共同点吗？你可能不相信，它们有同一种毒！荨麻叶子上有许多刺毛。你可以将它们想象成微型的针头。要是有人与荨麻擦身而过，无数这样的小针头就会被折断，进而释放出蚁酸等有刺激作用的酸性物质。众所周知，一旦被荨麻扎到，就会刺痛难忍！

番茄

一些人认为番茄是水果，另一些人则认为它是蔬菜，这让番茄变得十分特别。无论怎样，番茄都是一种美味又健康的食品。但有一点你应该记住！番茄是茄科茄属的成员，茄科家族里还有许多有毒的亲戚。当番茄还未成熟时，青绿色的它们含有有毒物质。食用未成熟的青色番茄不会杀死你，但会使你很难受。

欧洲红豆杉

欧洲红豆杉的针叶和种子都有毒。如果一只没有经验的动物咬上几口，还来不及吞下就可能被毒倒。在古代，欧洲红豆杉的有毒木材被用于制作弓箭。如今，它们可是制造家具的好材料，因为所含的毒素能保护它们免受寄生虫的伤害，从而延长家具的使用时间。有趣的是，人如果吃了欧洲红豆杉的红色果实就会中毒，小鸟吃了却没事。真奇怪，不是吗？

苯胺紫

猜一猜，世界上第一个人工合成的染料是什么颜色的？紫色！它由英国化学家威廉·亨利·帕金在1856年发明。苯胺紫是一种合成染料，含有有毒物质苯胺。由于这种染料被用来给织物染色，没有人会舔它，所以我们可以有把握地说，它给人们带来的帮助多于麻烦。直到今天，苯胺紫依然在给人们带来帮助。画家尤其喜爱它。但别忘了——千万不要舔它！

蓝矾

念个魔咒，耍个小花招，现在，白色粉末变蓝了！为化学家鼓掌！然而，事实真相是，即使是小学生也可以在学校里施展这个魔术。你所要做的仅仅是往白色的硫酸铜粉末里加一些水。如果你将得到的蓝色粉末继续与水混合，然后将水蒸发，你得到的将不再是粉末，而是一些漂亮得仿佛钻石一般的蓝色晶体——简单来说，就是五水硫酸铜，也叫蓝矾。这可真是个大惊喜，但注意，它们有毒哦。

铜制餐具

你总能记得自己吃了什么吗？有时候，我们的祖先在生病后才意识到自己吃了什么。铜质餐具喜欢空气中的氧气、水蒸气等，这种友谊会导致化学反应，并在餐具上留下一种绿色粉末。当我们的祖先吃下这种粉末后，它们就会在胃里与胃液混合。你一定能猜到接下来发生了什么——祖先们生了重病。当然是因为这种叫作“铜绿”的粉末是有毒的！

蚁后

蚁后是一切的起点，这绝不是一个容易的起点。在与雄蚁举行过飞行婚礼（也就是所谓的“婚飞”）后，它不会开始庆祝，而是立刻进入工作。工作中的人类会卷起袖子，工作中的蚁后却要咬断自己的翅膀。它要建造一个简单的蚁穴，产下第一批卵，照顾第一批幼虫和蛹，培养它的第一批臣民——工蚁和兵蚁。整个过程中，蚁后没有受到一滴毒液的保护。

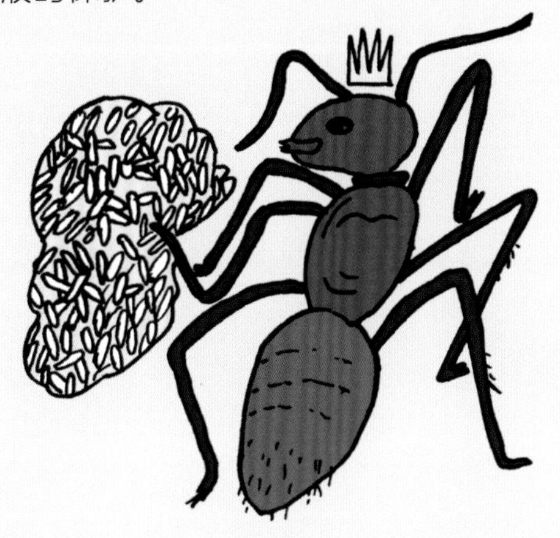

雄蚁

如果你认为雄蚁拥有有毒的上颚，会保护蚁后，那就大错特错了。蚁穴并不是这样运行的。和蚁后一样，雄蚁也没有毒。它们最重要的任务是在飞行婚礼期间与蚁后交配。随后，它们将走向死亡。

工蚁

那么，究竟是谁来完成所有的工作呢？是工蚁。它们在蚁穴里随处可见。每只工蚁都带有一个毒腺，但并不会每天都使用它。大多数工蚁负责寻找食物，或照顾卵、幼虫和蛹。工蚁会时常移动并舔舐卵，保证它们得到合适的温度和湿度。工蚁会彼此分工，确保所有事情井井有条。毕竟，蚁后每天会产下成百上千枚卵，也就是说，每天会诞生成百上千只未来的蚂蚁。

兵蚁

兵蚁是特种部队，拥有发达的上颚和含有蚁酸的毒液。兵蚁既可以防御，也可以进攻。它们能够进攻其他蚁穴，并像训练有素的军队指挥官那样想出策略。例如，兵蚁可以只针对那些带回食物的工蚁发起行动，从而饿死对手。它们还可以挖一条通向敌方蚁穴的路，或封锁出口，不让任何对手逃出去。

切叶蚁

蚂蚁家族十分庞大，其中切叶蚁是举世闻名的农夫。切叶蚁会小心地切下树叶，把它们搬回蚁穴种下，并利用发酵的叶片培育真菌。切叶蚁还会给周围的土壤施肥，除掉真菌分支。想要做好这些，多亏了切叶蚁胸部腺体分泌的化学物质——里面含有特殊的细菌，能够消灭那些不需要的真菌。

红火蚁

它们有点像敌方士兵，会组成军团渡河，还会用自己的身体搭建桥梁。红火蚁会使用毒液制成的化学武器攻击其他蚁穴，这些武器会像喷雾一样被洒向四方。红火蚁还会使用剑一样的毒针，在战斗时毫不留情。

多毛牛蚁

多毛牛蚁懂得如何使用毒液，这些蚂蚁甚至拥有毒针。每当狩猎时，它们就暗中埋伏，猛地跳出，捉住并刺中猎物。但你要是认为这些猎人接下来会坐下享受战利品，那你可就错了。狩猎的多毛牛蚁都是执行任务的工蚁，不会大口吞咽猎物，而是会将猎物带回蚁穴喂养幼虫。它们自身非常强壮，只用吸食一点甜汁就能生存。

举腹蚁

快来认识另一群远道而来的蚂蚁。它们会喷射一种特殊的毒液来对付白蚁——这是它们最常吃的食物。这些被释放出的物质，在接触空气后毒性会变得更强。只要一只举腹蚁释放毒液，它的同伴就会立即加入。其他蚂蚁远远地闻到这种毒液后，会努力避开。而白蚁无法闻出这种毒液，只能遭受灭顶之灾。

毒的历史

人类很早就对毒素和毒液有所了解。早在新石器时代，人们就注意到一些植物的毒性极强，只要利用得当，就能借助它们捕获大型动物。因此，人们开始将自己的箭和矛浸入由这些植物制成的毒液中。人们既害怕毒，又尊重毒的力量，因此将毒写入各种童话、神话和传说中，这些故事至今还在世界各地流传。

刻耳柏洛斯

这条狗可不是什么可爱的宠物。在古希腊神话中，它守卫着通往冥界的道路，不会让任何一个看起来还有生机的人通过。当然，在碰见它后，恐怕也没有人还能活着。刻耳柏洛斯不仅有三个危险的头，还能喷出毒液。它唯一一次见到人类世界，是大英雄赫拉克勒斯把它从冥界带到了地上，结果阳光让它恶心想吐。在神话中，刻耳柏洛斯吐出了有毒的唾液，变成了一种有毒的植物：乌头。

海蛇耶梦加得

斯堪的纳维亚半岛的航海家们——你也许知道他们是维京人——曾经讲述过一条叫作“耶梦加得”的毒蛇的故事。据说，它极其巨大，可以缠绕整个地球后再咬住自己的尾巴。但如果它真想这么做，可要非常小心，不要毒到自己才行。在北欧神话中，耶梦加得的毒液杀死了雷神托尔，托尔也在死前给了它致命一击，最终双方同归于尽。

女巫

说起童话故事里的毒药，女巫才是真正的专家。女巫们并不都是邪恶的。她们像经验丰富的药剂师一样处理毒液，用草药调制治疗药水，为刻薄的王后或恶毒的王子制作毒药。幸运的是，在童话故事里，好人总是能够战胜坏人，所以让女巫们调制毒药是不会带来好结果的。

白雪公主和苹果

毒药也会出现在一些你最喜欢的童话故事中。你还记得美丽的白雪公主收到了什么特殊的礼物吗？王后假扮成农妇，给白雪公主带来了一个苹果。它看起来美味可口，实际上充满毒药，只需一口，就足以让白雪公主陷入死亡般的长眠。

科亚特利库埃

这是阿兹特克人崇拜的一位女神，她曾经的领地位于如今的墨西哥。科亚特利库埃既有善良的一面，又有残酷的一面。对阿兹特克人来说，她是众神与大地之母，同时也是蛇的女主人。她身穿长裙，裙子上满是扭动的有毒响尾蛇。在她身上，善与恶，生与死，都融为一体。

艾柯吕斯

古希腊神话中不仅有有毒的怪物，还有一位有毒的女神。如果你以为她是一位自信能干的女强人，那可就错了。艾柯吕斯总是在哭泣，每时每刻都在哭泣。即使拥有控制有毒植物和死亡之雾的能力，也不能让她感到快乐。顺便一提，任何跌入死亡之雾的人都会陷入无法承受的绝望之中，他将直接进入冥界，与艾柯吕斯相伴哭泣。

卡托布莱帕斯

真恶心！这个神话中的生物刷过牙吗？可能从没。否则你怎么解释它啃食有毒的灌木后就有了喷出毒气的能力呢？卡托布莱帕斯可以用一个眼神就杀死对手，但这似乎不足为奇，毕竟，在遇到这样一个头像野猪、身像牛的怪物后，谁不会被吓得半死呢？好消息是，卡托布莱帕斯通常低着头，眼睛向下看。这也是它名字的由来——卡托布莱帕斯在希腊语里的意思是“向下看的”。

九头蛇

九头蛇是一条有很多头的怪蛇。它的可怕之处在于，每当有人砍掉它的一个头，那里就会立刻长出一个新的头。不仅如此，九头蛇还剧毒无比，它的八个头可以被杀死，但中间的第九个头是杀不死的。在古希腊神话里，没有人能够解决九头蛇，直到勇敢的赫拉克勒斯出现。他砍下它所有的头，并用火烧灼断颈，让头无法重生。那颗杀不死的头呢？它被赫拉克勒斯用巨棍打落，埋进土里，用大石头压住了。

美杜莎

美杜莎是古希腊神话中一个极其丑陋的女妖。智慧女神雅典娜让她长出了爪子和巨大的獠牙，头发变成了毒蛇。凡是直视美杜莎眼睛的人，都会被石化，因此没有人能够战胜她。直到古希腊神话中的英雄珀尔修斯出现，用剑斩下了美杜莎的头颅。然而，美杜莎的血落在哪里，哪里就冒出了毒蛇。

巴西利斯克

据说，巴西利斯克是从美杜莎的血中诞生的生物。它的母亲——如果美杜莎能被称为母亲的话——把自己的很多恶毒特征传给了它。巴西利斯克的毒性非常强大，如果骑士试图用长矛杀死它，毒液很可能会透过长矛，杀死鲁莽的骑士和可怜的马儿。巴西利斯克的吐息也威力十足，能够击碎岩石，焚烧草地。这种爬行动物以沙漠为家，毕竟，凡是它出现的地方都会很快变成沙漠。

安菲斯比纳

安菲斯比纳是巴西利斯克的兄弟或姐妹，很难说它究竟是雄性还是雌性。不管怎样，这是一条有两个头的蛇，当然两个头都是有毒的。你可能会想：这有什么了不起，我在书里见过太多有毒的头了。但问题的关键在于，安菲斯比纳的头分别长在身体的不同位置，因此你无法确定哪边是它的前面，哪边是它的后面。你唯一可以确定的是，不管哪个头都会咬你！

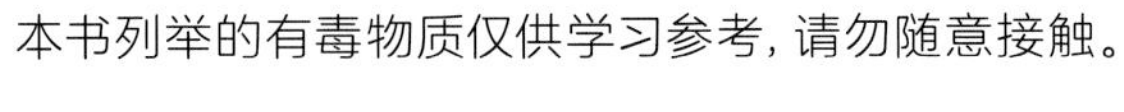

本书列举的有毒物质仅供学习参考，请勿随意接触。

——编者注

图书在版编目（CIP）数据

小心，有毒！ /(捷克) 沙尔卡 · 费尼科娃著；（捷克）阿纳斯塔西娅 · 斯特罗科娃绘；刘暑月译 . -- 福州：海峡书局，2023.11

书名原文：A big book of poison

ISBN 978-7-5567-1141-3

Ⅰ. ①小… Ⅱ. ①沙… ②阿… ③刘… Ⅲ. ①有毒物质 - 少儿读物 Ⅳ. ① X327-49

中国国家版本馆 CIP 数据核字 (2023) 第 140083 号

著作权合同登记号 图进字：13-2023-088 号

出 版 人：林 彬
选题策划：北京浪花朵朵文化传播有限公司
编辑统筹：彭 鹏
特约编辑：常 瑱
装帧制造：墨白空间 · 杨阳
出版统筹：吴兴元
责任编辑：林洁如 龙文涛
营销推广：ONEBOOK

小心，有毒！

XIAOXIN, YOUDU!

著　　者：[捷克] 沙尔卡 · 费尼科娃
绘　　者：[捷克] 阿纳斯塔西娅 · 斯特罗科娃
译　　者：刘暑月
出版发行：海峡书局
地　　址：福州市白马中路15号海峡出版发行集团2楼
邮　　编：350004
印　　刷：北京盛通印刷股份有限公司
开　　本：889mm × 1194mm 1/16
印　　张：3
字　　数：70千字
版　　次：2023年11月第1版
印　　次：2023年11月第1次印刷
书　　号：ISBN 978-7-5567-1141-3
定　　价：68.00元

读者服务：reader@hinabook.com 188-1142-1266
投稿服务：onebook@hinabook.com 133-6631-2326
直销服务：buy@hinabook.com 133-6657-3072
官方微博：@浪花朵朵童书